MON LIVRE DES EXPÉRIENCES

30 IDÉES FACILES À RÉALISER

Illustrations de Matthieu Roussel

Tana éditions

Sommaire

Un joli petit nuage

Il te faut :

- Un saladier en verre incassable
- Un plateau à glaçons ou une assiette avec des glaçons
- De l'eau bouillante

Comment ça marche ?

L'eau chaude produit de l'air très humide : c'est la vapeur qui s'élève du saladier.

Quand tu places l'assiette de glaçons au-dessus, cette vapeur d'eau est brusquement refroidie.

Résultat : elle se transforme en minuscules gouttes d'eau.

On dit que la vapeur se condense.

Et cette nuée de gouttelettes qui se maintiennent en suspension dans l'air, c'est un nuage !

Dans la nature, un nuage se forme quand de l'air humide s'élève dans le ciel et entre en contact avec l'air froid qui se trouve en altitude.

1 Demande à un adulte de faire chauffer de l'eau dans une casserole. Quand elle commence à bouillir, verse-la dans le saladier en faisant très attention de ne pas te brûler. De la vapeur s'élève hors du saladier.

2 Sors le plateau ou l'assiette de glaçons du congélateur et place le tout au-dessus du saladier (à cinq centimètres environ)... Un nuage apparaît !

Mon yaourt maison

Il te faut :

- Du lait longue conservation (250 ml)
- Un Thermos
- Un yaourt nature
- Deux casseroles
- Une cuillère à café
- Un bol
- Un saladier

Comment ça marche ?

Faire bouillir le lait permet de tuer les microbes qui se seraient glissés à l'intérieur.

Lorsque tu ajoutes du yaourt déjà fait à ta préparation, tu introduis deux sortes de bactéries inoffensives et indispensables à la fabrication du yaourt.

Au chaud, elles se multiplient, se nourrissent de certains composés présents dans le lait et en rejettent d'autres.

Ce processus, appelé fermentation, fait passer le lait de l'état liquide à celui de solide et modifie son goût.

Il ne reste plus qu'à le refroidir pour arrêter la transformation. Bon appétit !

1 Fais bouillir le lait dans une casserole, puis laisse-le de côté. Dans un autre récipient, mets de l'eau à chauffer. Lorsqu'elle bout, verse-la dans le Thermos (attention de ne pas te brûler!). Attends une dizainede secondes et vide-le : l'intérieur est chaud.

2 Mélange deux cuillerées à café de yaourt nature avec le lait chaud. Puis transvase le tout dans le Thermos et ferme bien ce dernier. Et maintenant patience : tu dois attendre 7 heures.

3 Lorsque le temps est écoulé, refroidis ta préparation en la versant dans un grand bol placé dans un saladier d'eau froide. Remue un moment avec la cuillère. Place ensuite le bol couvert d'une assiette au réfrigérateur. Quatre heures après, ton yaourt est prêt. Miam !

Poisson nage !

Il te faut :

- Une feuille de papier
- Une grande cuvette, un lavabo ou une baignoire
- De l'huile et de l'eau

Comment ça marche ?

L'huile ne se mélange pas avec l'eau.

Mais comme elle cherche à se répandre à la surface du liquide, elle remplit le trou du centre, passe par le canal puis s'échappe par l'arrière du poisson.

Ce dernier est alors propulsé en sens inverse de celui de l'écoulement de l'huile, c'est-à-dire vers l'avant.

Tu as ainsi fabriqué un poisson à réaction.

1 Dans une feuille de papier, découpe un petit poisson semblable à celui d'Alberta. Crée une ouverture ronde au centre qui se prolonge par un canal étroit jusqu'au bout de la queue.

2 Remplis ta cuvette d'eau. Pose le poisson à la surface en prenant soin que sa face inférieure soit entièrement mouillée et sa face supérieure totalement sèche. Verse délicatement une grosse goutte d'huile dans le trou situé au centre du poisson. Surprise : il avance tout seul à la surface de l'eau.

Avalanche de yaourt

Il te faut :

- Un yaourt assez liquide
- Un plateau
- Une bassine

Comment ça marche ?

La neige s'écoule sur les pentes comme le yaourt sur le plateau.

Quand il fait très froid, les grains de neige sont solidement accrochés entre eux par des ponts de glace.

La couche de neige est dure.

Si la température augmente, ces liaisons fondent, et le tapis neigeux devient plus mou.

Il se transforme en pâte, ne tient plus sur la piste et finit parfois par glisser.

Cela est fréquent au printemps, lorsque l'air se réchauffe.

1 Place le yaourt au congélateur jusqu'à ce qu'il soit gelé. Pose le plateau dans la bassine, en l'appuyant contre un bord pour l'incliner. Voilà une belle pente.

2 Démoule le yaourt glacé en haut du plateau et observe régulièrement ce qu'il se passe. Au bout d'un moment, toute l'eau du yaourt a fondu : celui-ci s'effondre et coule le long de la pente. Attention, une avalanche de neige humide !

Ça va chauffer !

Il te faut :

- Du papier d'aluminium
- 20 carrés en carton de 10 centimètres de côté
- Un récipient en métal rempli d'eau
- Un œuf

Comment ça marche ?

La lumière du soleil se compose de plusieurs types de rayons. Certains, les infrarouges, sont très énergétiques. Ils chauffent tout ce qu'ils touchent.

Or, tes petits cartons recouverts d'aluminium n'absorbent pas la lumière. Ils la réfléchissent totalement, comme des miroirs.

Comme ils renvoient les rayons vers le récipient, ce dernier reçoit beaucoup plus d'infrarouges que s'il était posé, tout seul, au soleil.

Du coup, la température de l'eau augmente énormément.

Voilà comment cuire un œuf sans gaz ni électricité. Malin, non ?

1 Recouvre chaque carré en carton de papier d'aluminium, le côté brillant vers l'extérieur. Évite de faire des plis pour que leur surface soit la plus lisse possible, comme celle d'un miroir.

2 Pose le récipient en plein soleil, aux heures les plus chaudes de la journée. Place tes miroirs de carton en demi-cercle autour du récipient. Attention! ils doivent tous renvoyer les rayons du soleil sur le récipient. Si tu n'as pas assez de place pour les disposer correctement, surélèves-en certains sur des boîtes ou des pierres.

3 Plonge l'œuf dans l'eau. Au bout d'un moment, le liquide va être assez chaud pour le faire cuire. Ne te brûle pas en le retirant. Super! tu viens de construire un four solaire.

Ça va déborder !

Il te faut :

- Deux verres
- De l'eau
- Deux glaçons
- Un fin carré de polystyrène, plus petit que le diamètre du verre et un peu plus large que le glaçon

Comment ça marche ?

Quand le glaçon fond dans le premier verre, le niveau de l'eau baisse, car l'eau à l'état solide (le glaçon) prend plus de place qu'à l'état liquide. Alors que l'eau du glaçon posé sur le polystyrène s'ajoute à celle du verre déjà plein et le fait déborder.

C'est ce qui se passe aux pôles. La banquise arctique, au nord, flotte dans l'océan ; comme le premier glaçon dans le verre.

Si elle fond, le niveau de la mer ne montera pas.

Au sud, la glace recouvre le continent antarctique, comme le second glaçon posé sur le polystyrène. Si elle fondait, son eau s'écoulerait dans l'océan et en ferait monter le niveau.

1 Dépose un glaçon dans le verre puis remplis-le d'eau à ras bord. Le glaçon flotte dans l'eau. Après quelques instants, il fond. Le verre déborde-t-il ?

2 Remplis d'eau l'autre verre. Pose le morceau de polystyrène sur l'eau, puis place un glaçon en équilibre dessus. Ajoute de l'eau jusqu'au bord du verre. Laisse fondre le glaçon. Et cette fois-ci, est-ce que le verre déborde ?

Cristaux à croquer

Il te faut :

- Un verre de sucre
- Un demi-verre d'eau chaude
- Un bocal en verre bien propre
- Un crayon
- Un fil de coton assez épais
- Un trombone
- De l'extrait de vanille ou du sirop pour aromatiser

Comment ça marche ?

Pour dissoudre une certaine quantité de sucre, il faut suffisamment d'eau.

Mais dans de l'eau chaude, tu peux faire fondre plus de sucre. Du coup, une fois refroidie, l'eau contient du sucre « en trop ». Celui-ci cherche à s'échapper.

Ses particules s'accrochent donc où elles peuvent, sur le fil, par exemple, et des cristaux se forment.

C'est exactement comme cela que naissent les quartz.

Sous terre, de l'eau riche en silice se refroidit dans les fissures des roches, et la silice « en trop » se fixe aux parois.

1 Mélange l'eau, l'arôme et le sucre dans le bocal. Tu obtiens un sirop épais. S'il reste des grains de sucre, ajoute un peu d'eau chaude.

2 Attache une extrémité du fil au trombone et enroule l'autre autour du crayon.

3 Pose le crayon en travers du bocal. Le fil relié au trombone doit tremper dans le sirop.

4 Mets le tout au froid.
Un jour plus tard, ton bonbon est prêt!
Mais plus tu attends, plus il sera gros...

Ça va pétiller !

Il te faut :

- Le jus de deux citrons
- Un demi-litre d'eau
- Du sucre en poudre)
- Une demi-cuillerée à café de bicarbonate de soude (en supermarché, au même rayon que le sel)

Comment ça marche ?

Ta limonade pétille grâce à une réaction chimique. Celle-ci est provoquée par le mélange du bicarbonate de soude et de l'acide citrique contenu dans le jus de citron.

Quand ces deux éléments se retrouvent ensemble dans l'eau, ils commencent par se casser en petits morceaux. Puis certains de ces morceaux s'attachent les uns aux autres pour former une nouvelle substance : le gaz carbonique.

Comme celui-ci ne peut pas se mélanger au liquide, il apparaît sous forme de bulles. Très légères, elles remontent à la surface et, peu à peu, disparaissent.

Il faut donc boire vite ta limonade si tu l'aimes pétillante.

1 Tu veux épater tes amis en fabriquant toi-même une sorte de limonade pour le goûter ? Alors mélange l'eau et le jus des citrons. Puis mets deux cuillerées à café de sucre. Tu peux en rajouter jusqu'à obtenir le goût souhaité.

2 Verse ensuite le bicarbonate de soude en remuant. Des bulles apparaissent dans le liquide. Tu viens de fabriquer de la limonade. Bois-la rapidement avant qu'elle ne pétille plus.

De l'eau collante

Il te faut :

- Une plaque de verre (celle d'un sous-verre, par exemple)
- Une éponge
- De l'eau

Comment ça marche ?

La table et la plaque de verre ne sont pas parfaitement lisses. Leur surface présente des aspérités.

Quand la table est sèche, il n'y a que quelques points de contact entre elle et la plaque (les molécules de la table et celles du verre adhèrent au niveau de ces points).

Dans la 2e expérience, l'eau remplit les vides entre les deux surfaces, créant ainsi une zone de contact plus importante.

Lorsque la couche d'eau est assez mince, tu dois surmonter une force d'adhésion plus grande qu'avant pour décoller ta plaque de verre.

Dans la 3e expérience, l'épaisseur du film d'eau est plus grande que les molécules. Celles du verre et de la table ne s'attirent donc plus entre elles. Soulever la plaque est plus facile, car il suffit de lutter contre les forces d'attraction existant entre les molécules d'eau. Ces forces sont moins puissantes que celles qui existent entre l'eau et la table ou l'eau et le verre.

1 Pose la plaque de verre sèche sur la table de la cuisine. Essaie alors de la soulever. Elle résiste un peu, mais pas trop..

2 Humidifie à présent la table avec l'éponge mouillée, puis recommence la même expérience. Tu dois déployer plus de force pour décoller la plaque de verre.

3 Refait une dernière fois l'expérience. Mais là, verse une bonne quantité d'eau sur la table. La plaque se détache plus facilement que la deuxième fois.

Du brouillard en bocal

Il te faut :

- Un petit bocal en plastique
- Un gros bocal en verre
- Un cône d'encens
- Une paire de gants

Comment ça marche ?

Comme l'eau du petit bocal est chaude, elle se change en vapeur d'eau.

Puis, au contact de l'air froid du grand récipient, ce gaz redevient liquide.

On dit qu'il se condense.

De microscopiques gouttelettes d'eau se forment alors autour des fines poussières de la fumée d'encens. C'est le brouillard !

Dans la nature, celui-ci se crée aussi quand une masse d'air humide entre en contact avec une autre, plus froide. La vapeur d'eau se condense autour des tout petits éléments, contenus dans l'air : les particules.

1 Place le gros bocal vide dans le congélateur et laisse-le refroidir au moins 10minutes. Demande à un adulte d'allumer le cône d'encens et pose-le à côté du petit bocal en plastique. Remplis celui-ci avec de l'eau très chaude (sa matière permet de garder la chaleur). Enfile les gants pour ne pas te brûler.

2 Sors le gros bocal du congélateur avec les gants (il est très froid !). Maintiens-le, ouverture vers le bas, à un ou deux centimètres au-dessus du petit bocal d'eau et de l'encens… Abracadabra ! une jolie nappe de brouillard apparaît.

Duel de ballons

Il te faut :

- Deux ballons de baudruche identiques
- Deux pinces à linge
- Un tube de stylo à bille (sans trou dans le tube)

Comment ça marche ?

Observe de près la paroi de chaque ballon gonflé. Celle du petit est plus courbée que celle du grand.

Or la force qui tend une paroi arrondie est plus importante que celle qui tend une paroi plus droite .

Du coup, quand tu enlèves les pinces, cette force contracte plus les parois du petit ballon et c'est lui qui se vide.

Le même type de phénomène existe pour un arc !

Plus sa corde est tendue (et donc courbée), plus la force est importante et plus la flèche va loin.

1 Gonfle beaucoup l'un des ballons et l'autre à peine. Enfile l'embout de chacun d'eux à une extrémité du tube, sans qu'ils se dégonflent. Maintiens-les bien fermés avec une pince à linge.

2 Ôte les pinces. Zouff ! L'air passe dans le tube en plastique et… le petit ballon se vide dans le gros ! Surpris ?

Des glaces à gogo

Il te faut :

- Une tasse à moitié pleine de lait
- Trois cuillères à soupe de sucre en poudre et quelques gouttes d'extrait de vanille (ou un paquet de sucre vanillé)
- Un petit sac à congélation
- Un grand sac à congélation
- Huit cuillères à soupe de sel
- Environ quatre tasses de glaçons

Comment ça marche ?

Ton mélange sucré est entouré de glace à zéro degré. Or, le lait gèle à une température inférieure à zéro.

Comment se transforme-t-il alors en crème glacée ?

Grâce au sel. Celui-ci fait fondre les glaçons qui passent ainsi de l'état solide à l'état liquide. Ce qui demande de l'énergie, donc de la chaleur.

Celle-ci est puisée dans le lait et la glace fondue dont la température chute sous zéro degré.

Dans cet environnement très froid, le lait perd de plus en plus de chaleur et gèle.

1 Verse le lait, le sucre et la vanille dans le petit sac en plastique et ferme-le bien. Mets-le ensuite dans le grand sac avec la glace et le sel. Scelle le plastique et brasse le tout pendant 5 minutes.

2 Ouvre le grand sac, sors le petit et rince-le un peu pour éviter que du sel ne tombe dedans en l'ouvrant… À l'intérieur, ton mélange est devenu de la crème glacée !

Élevage de bourgeons

Il te faut :

- Quatre soucoupes
- De l'eau
- De la terre
- Une petite branche d'arbre avec des bourgeons
- Des bourgeons

Comment ça marche ?

Seuls les bourgeons de la branche que tu as plongée dans l'eau se sont développés. Les autres n'ont presque pas évolué ou se sont desséchés.

Conclusion : pour que les bourgeons s'ouvrent et donnent des feuilles, il ne faut pas de terre, mais de l'eau.

Celle-ci doit arriver par la branche et non pas directement par le bourgeon. La sève, fabriquée par l'arbre à partir de l'eau, permet aux bourgeons de grandir.

Heu...un bourgeon, comment c'est fait ?

La réponse est dans... les choux. Sans blague. Si tu coupe un chou en deux, tu peux observer un bourgeon géant !

1 Mets deux bourgeons dans la soucoupe vide, deux autres dans une soucoupe remplie d'eau et encore deux dans une avec un peu de terre.

2 Plonge la branche dans la soucoupe pleine d'eau. Attends quelques jours.

3 Observe l'état des bourgeons dans les quatre récipients. Que s'est il passé ?

L'accroche sel

Il te faut :

- De l'eau
- Une vieille casserole
- Du gros sel

Comment ça marche ?

Lorsque tu as jeté le sel dans l'eau chaude, il a disparu. L'eau chaude a cassé les cristaux de gros sel en morceaux si petits qu'ils se sont mélangés avec l'eau.

On dit que le sel a été dissous dans l'eau.

Quand tu continues à chauffer l'eau, elle se transforme en vapeur.

Au bout d'un certain temps, il ne reste plus d'eau.

Du coup, les minuscules bouts de sel se sont rassemblés et ont formé des cristaux sur le fond et le bord de la casserole.

Les travertins se créent de la même manière.

Les petits bouts de roche dissous dans l'eau bouillante s'entassent sur le sol quand la source jaillit à l'air libre.

1 Verse 2 ou 3 centimètres d'eau dans la casserole.

2 Demande à un adulte de faire chauffer la casserole avec l'eau.

3 Lorsque l'eau bout, que des bulles se forment à la surface, jette dedans 3 cuillerées à soupe de gros sel. Remue le mélange jusqu'à ce que tout le sel ait disparu.

4 Laisse le tout sur le feu, jusqu'à ce qu'il n'y ait plus d'eau dans la casserole. Une sorte de croûte blanche apparaît au fond et sur les bords du récipient. Ôte-le du feu et laisse-le refroidir. Passe ton doigt sur les parois… hum ! c'est du sel.

L'étoile au berceau

Il te faut :

- De la pâte à modeler
- Un bocal transparent
- Une règle

Comment ça marche ?

La naissance d'une étoile ressemble au tourbillon que tu as créé dans le bocal.

Bien sûr, dans l'espace, il n'y a pas de règle pour remuer !

C'est une force appelée la gravité, qui joue le rôle de l'agitateur.

Grâce à elle, dans un nuage de gaz, les particules s'attirent entre elles.

Elles se regroupent vers le centre et tournent, comme les grains de pâte à modeler.

Plus leur vitesse augmente, plus elles se rapprochent les unes des autres jusqu'à s'assembler et former une grosse boule : une étoile.

1 Fabrique des petites boules de pâte à modeler de la taille d'un grain de riz. Puis remplis le récipient d'eau et jette-les dedans.

2 Avec la règle, remue le tout très vite pendant une bonne dizaine de secondes. Arrête et laisse le liquide bouger seul. Les grains tourbillonnent avec l'eau puis se rapprochent peu à peu les uns des autres au centre du bocal.

L'ascenseur à huile

Il te faut :

- Deux petits verres identiques
- De l'eau
- De l'huile
- Une carte plastifiée (une carte à jouer, par exemple)

Comment ça marche ?

Lorsque tu tires la carte, l'huile et l'eau entrent en contact. Or, l'huile est moins lourde que l'eau. On dit aussi qu'elle est moins dense.

Cette différence est due aux grains de matière qui la constituent, les atomes. Ils sont moins serrés que ceux de l'eau.

Plus légère, l'huile remonte donc à la surface. L'eau, plus lourde, descend. Et tout cela sans se mélanger. En effet, l'huile est insoluble dans l'eau.

C'est-à-dire que même si tu remues très fort ces deux liquides ensemble, tu obtiens des gouttelettes de gras qui ne se mêlent jamais à l'eau.

Impossible de les rendre copains ces deux-là !

1 Remplis les deux verres à ras bord. L'un avec de l'eau, l'autre avec de l'huile. Couvre le verre d'eau avec la carte plastifiée, puis retourne-le (la carte tient toute seule). Pose-le alors à l'envers sur le verre d'huile. Attention ! les deux récipients doivent être exactement l'un au-dessus de l'autre.

2 Tire doucement la carte pour qu'une petite ouverture apparaisse entre les verres. Il se passe alors un phénomène curieux : l'huile monte et l'eau... descend ! Les deux récipients échangent leur contenu. Tu peux à nouveau séparer les verres. Mais avant, repousse bien la carte afin d'éviter de renverser l'huile. Et voilà, tu peux boire l'eau si tu veux ! Elle ne contient pas une goutte de gras !

La canette et le ballon

Il te faut :

- Un ballon de baudruche gonflé
- Une canette vide

Comment ça marche ?

Encore un coup de la fée électricité !

Quand tu frottes deux objets l'un contre l'autre, ils peuvent s'échanger une partie des particules électriques qu'ils contiennent.

C'est ce qu'on appelle l'électricité statique.

Le caoutchouc capte quelques particules sur tes cheveux. Ce petit plus fait qu'il devient négatif, électriquement parlant.

Par rapport au ballon, la canette, qui n'a été frottée à rien, passe pour électriquement positive.

Or, les charges électriques contraires s'attirent comme des aimants.

Et la canette suit le ballon.

1 Couche la canette sur une table. Frotte le ballon une vingtaine de fois sur tes cheveux.

2 Approche le ballon de la canette sans la toucher puis tire-le lentement vers toi. Incroyable : la boîte de métal le suit !

Les flocons à la loupe

Il te faut :

- Une feuille de papier noir
- Une loupe
- Et une chute de neige

Comment ça marche ?

La feuille de papier noir a séjourné au congélateur : elle est bien froide. Les flocons qui s'y posent ne risquent donc pas de fondre à son contact.

À la loupe, tu t'aperçois qu'ils ont en général six branches... C'est en effet de cette façon que les petits fragments de glace qui composent les flocons commencent à s'assembler.

À ce stade, ce sont encore des bébés. Mais dans le ciel, ils grandissent. Et ils ne « poussent » pas tous de la même manière !

En virevoltant dans les nuages, ils traversent des zones dont les températures varient. S'il fait froid, les branches s'allongent. S'il fait chaud, elles s'épaississent.

Et comme deux flocons ne suivent jamais le même parcours, ils ont tous des formes différentes.

1 On annonce de la neige à la météo. Place vite une feuille de papier noir au congélateur.

2 Dès qu'il commence à neiger, sors le papier noir du congélateur, prends ta loupe et couvre-toi bien. Et hop, dehors ! Tiens ta feuille à l'horizontale. Attends que quelques flocons atterrissent sur le papier. Et observe-les à la loupe... Tu n'en trouveras pas deux pareils !

Mets-toi au parfum

Il te faut :

- Une quinzaine de clous de girofle
- De l'alcool à 90 degrés
- Un flacon en verre

Comment ça marche ?

L'odeur des clous de girofle provient des huiles aromatiques qu'ils contiennent.

Or, l'alcool a la propriété de dissoudre ces corps gras.

À force de macérer dans le bain d'alcool, les senteurs d'épice se retrouvent donc dans le liquide.

Ce procédé d'extraction des molécules odorantes est l'une des techniques utilisées par les parfumeurs pour fabriquer des « jus » à base de fleurs par exemple.

Lorsque tu appliques de l'« eau d'épice » sur ton poignet, l'alcool qu'elle renferme s'évapore. Il ne reste donc plus sur ta peau que les composés parfumés.

1 Dépose tes clous de girofle dans le flacon, puis remplis-le à moitié d'alcool. Ferme le récipient bien hermétiquement et laisse reposer une semaine environ en remuant de temps en temps.

2 Avec l'index, prends quelques gouttes de ta mixture et dépose-les sur ton poignet. Au bout d'un petit moment, le liquide s'est évaporé, mais ta peau, elle, sent encore une subtile odeur d'épice.

Soufflé !

Il te faut :

- Une bouteille en plastique
- Une paire de ciseaux
- Une bougie
- Un morceau de sac en plastique
- Un élastique

Comment ça marche ?

Cette expérience permet de comprendre la manière dont le son circule.

Lorsque tu tapes sur le sac, tu l'enfonces. Du coup, il compresse les molécules d'air situées juste derrière lui, à l'intérieur de la bouteille.

Celles-ci poussent à leur tour les particules qui se trouvent à côté d'elles et ainsi de suite.

Le mouvement se transmet de cette façon jusqu'au goulot de la bouteille et le souffle qui sort fait vaciller la flamme.

Un son voyage dans l'air selon le même principe.

La vibration qu'il crée se propage de molécule en molécule de la source d'émission jusqu'à tes oreilles.

1 Découpe le fond de la bouteille avec les ciseaux. Attention ! ne te blesse pas en perçant le récipient! Tends par-dessus le morceau de sac en plastique et fais-le tenir avec l'élastique.

2 Allume la bougie et place le goulot de la bouteille près de la flamme. Avec ta main, tape légèrement sur le sac tendu. La flamme tremble. Si tu frappes plus fort, tu peux même l'éteindre.

Naissance d'une île

Il te faut :

- Un récipient d'environ 10 centimètres (cm) sur 20 cm
- Une bouteille de produit à vaisselle vide
- Un tube de dentifrice

Comment ça marche ?

Avec l'eau chaude, la glace fond, s'amincit et finit par se percer.

Un volcan de point chaud naît un peu de la même manière : le magma brûlant, une purée épaisse de roches fondues, remonte vers la surface et fait fondre l'écorce de la Terre.

Celle-ci devient de plus en plus fine et se troue, comme ta plaque de glace.

La lave (représentée par le dentifrice) passe alors à travers et s'accumule pour former un volcan.

Au cours du temps, la croûte terrestre se déplace. Le magma la perfore alors un peu plus loin. Et un nouveau cracheur de feu surgit des entrailles de la Terre.

1 Prends le récipient et verse au fond 4 à 5 millimètres d'eau. Mets-le au congélateur. Une fois l'eau gelée, démoule la plaque de glace qui s'est formée.

2 Remplis la bouteille d'eau chaude et referme-la. Prends un torchon pour te protéger du froid et tiens la plaque d'une main, bien à l'horizontale. De l'autre, presse la bouteille de façon à projeter de l'eau sous la glace. Peu à peu un trou apparaît dans cette minibanquise.

Patate à l'eau

Il te faut :

- Une grosse pomme de terre
- Deux aiguilles à tricoter
- Deux verres
- Un peu d'eau

Comment ça marche ?

Les pommes de terre sont constituées de cellules, comme toutes les plantes et tous les animaux.

Lorsque les cellules sont vivantes, elles échangent différentes substances avec le monde extérieur : elles captent de l'eau, rejettent des gaz, absorbent des sels minéraux...

Mais lorsqu'elles meurent, la plupart de ces échanges sont stoppés.

Bien qu'elle ait été épluchée et creusée, la pomme de terre crue est vivante. Ses cellules laissent entrer l'eau du verre.

En revanche, les cellules de la pomme de terre cuite ont été détruites par l'eau bouillante.

Le liquide ne peut donc plus traverser ses parois.

1 Épluche ta pomme de terre et coupe-la en deux.

2 Demande à un adulte de t'aider pour faire bouillir l'une des deux moitiés de pomme de terre dans un peu d'eau. Quelques minutes suffisent.

3 Creuse ensuite l'intérieur des deux morceaux. Puis, transperce-les avec une aiguille à tricoter.

4 Remplis les verres d'eau et pose les aiguilles par-dessus. Le fond de chaque morceau de pomme de terre doit plonger dans l'eau. Attends quelques heures. Que se passe-t-il ? La pomme de terre crue est pleine d'eau, l'autre non.

Pile ou force

Il te faut :

- Une pile de 9 volts
- Du ruban adhésif
- Un gros clou
- Un morceau de fil électrique fin dénudé (sans la gaine) d'environ 50 centimètres de long ou du fil de fer

Comment ça marche ?

Lorsque le courant traverse le fil électrique, il crée autour de celui-ci un champ magnétique.

Habituellement, cette force invisible est faible. Mais ce n'est pas le cas ici, car le fil est embobiné autour du clou.

Chaque cercle produit un petit champ magnétique qui s'additionne à ceux des autres cercles. À eux tous, ils provoquent une force suffisamment importante pour réussir à aimanter le clou. Et ce dernier attire alors à lui tous les objets capables d'être aimantés, comme les épingles.

C'est le principe des électroaimants, des aimants dont le pouvoir provient de la circulation d'électricité. Ce type d'outil est souvent utilisé dans l'industrie pour transporter des objets métalliques très lourds. C'est pratique, car dès que le courant est coupé, le fardeau est libéré.

1 Fixe avec du ruban adhésif une extrémité du fil sur l'un des plots de la pile. Enroule-le ensuite en rang très serré autour du clou. Attache l'autre bout du fil au second plot.

2 Place les épingles sous la pointe du clou. Elles sont immédiatement attirées. Bravo! tu as fabriqué un électroaimant.

Raz-de-marée

Il te faut :

- Un grand plat rectangulaire
- Un morceau de polystyrène
- Du ruban adhésif
- Un marqueur
- Du poivre
- De l'eau

Comment ça marche ?

La chute du plat met l'eau en mouvement comme le ferait la secousse du sous-sol de l'océan lors d'un tremblement de terre.

Le choc se transmet à toute la masse d'eau.

Comme en pleine mer, il se forme une série de 4 à 5 petites bosses qui se précipitent vers le polystyrène.

À l'approche du pan incliné, ces vagues sont ralenties par la profondeur moins importante.

Elles prennent de la hauteur et un petit raz de marée s'abat sur le polystyrène en emportant les « habitants » et les « maisons » (les grains de poivre).

1 Dans le polystyrène, découpe un morceau qui a la forme d'une part de gâteau, comme sur le dessin. Il doit être de la même largeur et de la même profondeur que ton plat et d'environ 15 cm de long. Avec du ruban adhésif, colle-le au fond du plat. Puis saupoudre-le de poivre

2 Place le marqueur sous le plat, du côté où il n'y a pas de polystyrène. Verse de l'eau dans le récipient jusqu'à ce que le bas du pan incliné trempe dans le liquide..

3 Retire brutalement le marqueur. Au secours ! Un tsunami recouvre la pente en polystyrène et emporte tout le poivre !

Un microscope à eau

Il te faut :

- Du carton
- De la pâte à modeler
- Une punaise
- Un crayon
- Du plastique transparent
- Du ruban adhésif

Comment ça marche ?

L'instrument que tu as construit est un « aquascope ».

La goutte d'eau a la même forme qu'un verre grossissant. Elle joue un peu le rôle d'une loupe !

Les rayons de lumière qui la traversent sont déviés.

L'objet que tu vois à travers la gouttelette t'apparaît donc plus gros qu'il ne l'est en réalité.

1 Pose le carton sur une boule de pâte à modeler et perce-le avec la punaise. Attention, ne te pique pas ! Enlève la punaise et agrandis le trou en faisant tourner plusieurs fois la mine du crayon dedans.

2 Ôte la boule de pâte à modeler. Place un bout de plastique transparent sur le trou et fixe-le avec du ruban adhésif.

3 Trempe ton crayon dans un peu d'eau et dépose une goutte sur le plastique, au niveau du trou. Ton « microscope » est prêt ! Pose-le délicatement sur ton Science & Vie Découvertes… À travers la goutte, tu verras les articles écrits en plus gros caractères !

Un séisme en bouteille

Il te faut :

- Une bouteille d'eau en plastique
- Du sable
- deux farines différentes (de blé et de maïs, par exemple).

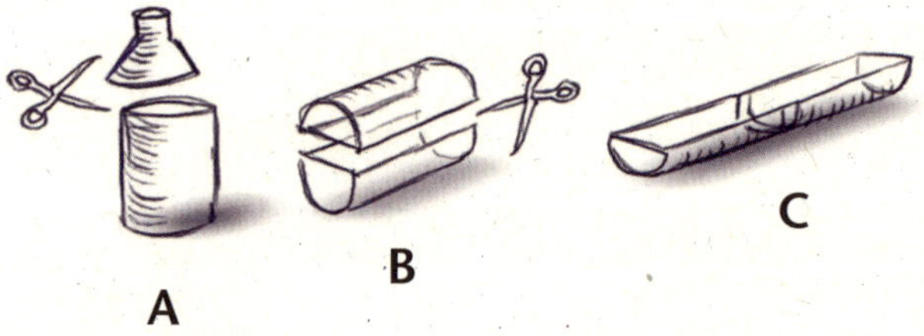

Comment ça marche ?

Lorsque tu rapproches tout doucement les deux parties de la bouteille, les couches de sable et de farine humides sont comprimées. Elles se déforment lentement sans se rompre, car les grains qui les composent ont le temps de glisser les uns contre les autres. En revanche, elles se cassent quand tu pousses brutalement.

Il se passe un peu la même chose lorsque deux morceaux de la croûte terrestre se dirigent l'un vers l'autre. Si la croûte se déplace à un rythme lent et régulier, les couches de roches qui la constituent se plissent au fil du temps.

C'est ainsi que se sont formées des montagnes comme les Alpes ou l'Himalaya. Mais si un tremblement de terre intervient, la croûte n'est pas assez souple pour résister à ce brusque déplacement et elle se brise. Il se crée des cassures que les géologues appellent des failles.

1 Découpe la partie supérieure de la bouteille (A). Puis coupe le corps de la bouteille dans le sens de la longueur pour obtenir deux demi-cylindres identiques (B).

2 Emboîte les deux morceaux comme sur le dessin (c). Verse à l'intérieur une couche de sable d'au moins un centimètre. Mouille-la aussitôt. Dépose par-dessus une couche équivalente d'une des farines que tu humidifies également. Puis une couche de l'autre farine. Mouille-la et laisse reposer le tout entre une demi-heure et une heure.

3 Pousse doucement les deux parties de la bouteille l'une vers l'autre. Les couches de sable et de farine ondulent, sans se casser. Donne alors un coup brusque. Crac… ton gâteau se brise. Les morceaux peuvent même se chevaucher.

Tranches de terre

Il te faut :

- Un récipient en verre transparent
- De l'eau
- Des matériaux solides de couleurs différentes : sables, terre, argile, petits cailloux, farine, semoule, riz...

Comment ça marche ?

Te voilà avec une succession de couches colorées horizontales. Ça ne te rappelle rien ? Tu peux observer la même chose sur des falaises, dans des tranchées.

Dans la nature, des poussières et des restes d'organismes transportés par les rivières ou les vents se déposent dans le fond des mers.

Au fil du temps, les fonds vaseux et les débris qu'ils contiennent se transforment en roches de natures et de couleurs différentes : c'est ce qu'on appelle la sédimentation.

Au fait, as-tu remarqué que les matériaux que tu as déposés en premier forment les couches les plus au fond de ton récipient ? Eh bien, sur une falaise, c'est pareil : la couche rocheuse la plus basse est la plus ancienne et la plus haute, la plus récente !

C'est comme cela que l'on « remonte » l'échelle des temps géologiques.

1 Remplis d'eau ton récipient jusqu'à mi-hauteur. Ajoute un fond de sable sur lequel tu poses quelques coquillages. Te voilà avec une mer miniature et des animaux échoués sur le fond.

2 Verse les différents matériaux les uns après les autres. Attends un peu entre chaque « ingrédient ». Quand l'eau est redevenue claire, que constates-tu ? Que peux-tu en déduire ?

Tournicoti ! Tournicota !

Il te faut :

- Un verre
- De l'alcool à brûler
- De l'huile
- De l'eau
- Une baguette en bois

Comment ça marche ?

En tournant ta baguette dans le verre, tu crées une force centrifuge dans le liquide qui projette les gouttes vers les bords du récipient.

Cette force te permet, par exemple, d'essorer de la salade : en tournant très vite le panier, l'eau est éjectée vers l'extérieur.

Ainsi, dans ton verre, les perles d'huile s'écartent les unes des autres et dessinent un anneau autour de ta baguette.

Il se passe à peu près la même chose autour de Saturne. Les blocs de pierre qui constituent ses anneaux tourbillonnent si rapidement autour de la planète qu'ils restent à une certaine distance d'elle. Ils s'étalent et forment un disque.

1 Verse de l'alcool à brûler dans le verre (un tiers de la hauteur). Fais couler des gouttes d'huile le long de ta baguette. Ajoute de l'eau jusqu'à ce que l'huile remonte vers le milieu du verre.

2 Fais tourner rapidement la baguette dans ta mixture. Les gouttes d'huile se mettent en cercle. Plus tu remues vite, plus le collier de bulles s'élargit.

Ni chaud ni froid

Il te faut :

- Un récipient d'eau chaude (attention de ne pas te brûler)
- Un récipient d'eau tiède
- Un récipient d'eau froide rempli de glaçons

Comment ça marche ?

Dans ta peau se trouvent des milliers de récepteurs qui te permettent de sentir si ce que tu touches est doux, piquant, froid, chaud...

Dans l'eau glacée, ceux sensibles au froid sont très stimulés. Ils transmettent l'information au cerveau et tu ressens un froid intense.

Si après, tu plonges ta main dans l'eau tiède, les récepteurs du chaud sont activés.

En revanche, ceux du froid réagissent à peine, car le froid est moins intense dans ce liquide que dans le précédent.

Du coup, ton cerveau interprète mal la situation : pour lui, l'eau que tu touches est plus chaude qu'elle ne l'est en réalité. Pour ta main gauche, il se passe le phénomène inverse.

1 Plonge quelques minutes ta main droite dans le récipient avec les glaçons et ta main gauche dans celui d'eau chaude.

2 Trempe ensuite tes deux mains dans la bassine d'eau tiède. Tu as l'impression que ta main droite se trouve dans de l'eau bouillante et la gauche… dans un bain froid.

Un verre de soleil

Il te faut :

- Un verre d'eau
- Un peu de lait
- Une lampe de poche assez puissante

Comment ça marche ?

Les particules de lait mélangées dans l'eau dispersent beaucoup les rayons violets, bleus et verts qui composent en partie la lumière blanche de ta lampe.

Résultat, ils ne traversent pas le liquide et ressortent sur les côtés ou le dessus du récipient.

En revanche, le jaune, l'orange et le rouge sont moins dispersés.

Ils passent à travers le lait et parviennent jusqu'à tes yeux.

Tu vois donc l'ampoule, comme le soleil au couchant.

1 Verse quelques gouttes de lait dans le verre d'eau. Attention ! le mélange doit rester transparent.

2 Installe-toi dans une pièce sombre. Pose le verre sur une table et place la lampe de poche allumée de manière à ce que le faisceau éclaire le récipient. Regarde alors l'ampoule à travers le liquide. Incroyable ! elle est rouge, comme le Soleil qui se couche. Et si tu regardes au-dessus du verre, tu verras l'eau légèrement bleutée.

13

Textes

Simon Anheim, Sophie Fauvette, Sophie Fleury ,
Jean-Baptiste Gouyon, Catherine Pagan, Olivier Rey
et Sylvia Vaisman.

Conception graphique : Marina Delranc
Mise en pages : Pierre Gourdé
Coordination éditoriale : Marc Van Moere

ISBN : 2-84567-221-7
Dépôt légal : septembre 2004
Imprimé en Espagne